在家做下飯菜

54

程安琪 著

美味家常菜
讓一家大小胃口大開

目 錄
contents

Part3
下飯菜。蔬菜

作者序

下飯菜，魅力無法擋

有些餐廳如果一陣子沒有光顧，就會想念他們的一些菜色；有些家常菜也一樣。久久沒吃就會懷念它的味道，菜餚上桌總停不下筷子，一口接一口，特別開胃、特別下飯。

一道菜有沒有這種魅力？是否能好吃得令人想到就流口水？這道菜一定有它特殊的滋味和香氣。記得最近一次去錄「冰冰好料理」，第一場是介紹有名店家的拿手招牌料理，我並不是錄那一場的老饕，因此等錄完了才進入攝影棚，吃到了剩下來的炒鱔魚麵，才吃一口，我就對費奇說:「這麼香，應該不是我們的爐子炒得出來的！」果然，工作人員告訴我，這是遠從台南來的店家——阿輝師，特別帶著 20 公斤的瓦斯桶和噴氣爐來到攝影棚現炒的。除了佩服他們的敬業外，再次體驗到鍋氣（鑊氣）能帶給一道菜的影響力。

在我的一本食譜《香噴噴熱炒上菜》中，我曾經為讀者解說產生鍋氣的原因，家庭烹飪時，侷限於爐火的火力不夠強，可能無法達到像餐廳噴氣爐那樣快速、強力的烹調出一道菜，但是我們可以有輔助（or 補救）的方法來使菜餚達到香噴噴的目標。

一道菜的香氣可以從三方面取得：一是新鮮的主材料和配料有它們自然的鮮香；二是辛香料，如新鮮的蔥、薑、蒜（大蒜或青蒜）、辣椒、香菜和一些乾燥的香草料，都各有獨特的香氣；三就是調味料了，無論是醬油、酒、醋或沙茶醬、番茄醬、甜麵醬等多種調味醬料在經過油炒加熱後都會倍增香氣。

因此我們從挑選食材開始，就要多費一些心思尋找新鮮的材料；再用辛香料爆鍋時，不妨多用一點或多炒一會兒，等香氣出來再下調味料，在家中炒和這三類材料時，可以多加一些水（或直接加熱水），藉由水氣的融合，使一道菜的香氣、味道能達到最高的發揮。

雖然飲食和服裝一樣有流行的趨勢，一會兒廣東菜、一陣子上海菜、四川菜，尤其台灣現在的餐飲流風多趨向於無國界，任何新味道上市都有嚐鮮族會去捧場，但是好味道不會褪流行，例如紅燒肉永遠是下飯菜的前三名；瓜仔肉則是拌飯的好搭檔；聞到糖醋的味道，不自覺就會分泌出唾液。

學會做菜是終生受用無窮的手藝，學會做一些下飯菜，能讓您輕輕鬆鬆滿足家人的胃，在這本食譜裡我特別為您挑選了 54 道容易成功、開胃指數又高的下飯菜，好讓您的飯廳充滿香氣與歡樂！

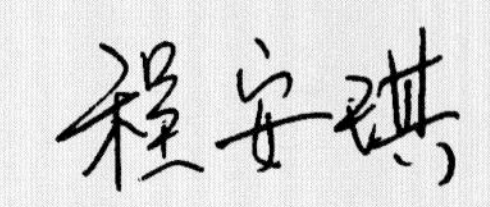

Part 1

下飯菜。肉類

三蔥燒小排

材料

五花肋排 600 公克、洋蔥 2 個、青蔥 2 支、紅蔥頭 3 粒
月桂葉 3 片、八角 1 顆

調味料

紹興酒 3 大匙、醬油 6 大匙、冰糖 1 大匙

做法

1. 排骨剁成約 4 公分長段。放入滾水中川燙去血水，撈出、洗淨。
2. 洋蔥切寬條，紅蔥頭切片，一起用約 3 大匙油炒至黃且有香氣透出，盛出 ⅓ 量留待後用。
3. 放入排骨，和洋蔥、青蔥同炒，淋下酒和醬油煮滾，加入月桂葉、八角，注入水 3 杯，煮滾後改小火燉 1.5 小時。
4. 將排骨燉煮至夠爛，在關火前約 15 分鐘時，放下預先盛出之洋蔥，一起再燉煮至洋蔥變軟且入味。

安琪老師的小學堂

三蔥燒出小排好滋味：洋蔥燒子排是秀蘭小館的招牌菜，煨到軟爛的洋蔥配著子排吃起來格外夠味。幾年前我在上海一家館子也吃過燒製手法類似的「洋蔥燒五花肋排」，服務生把燒好的整條肋排直接送上桌，在桌邊現切、現吃，吃來特別有 Feel。

我烹製這道菜的時候，除了洋蔥，還加進青蔥和紅蔥頭一起去燒製，因此改名為「三蔥」燒小排，藉 3 種蔥為小排帶來不同的香氣。值得一提的是，小排骨燒起來帶有骨頭香，這一點和紅燒肉是不同的，尤其靠骨頭的肉帶有筋，特別有口感！

鹹魚蒸肉餅

材料

鹹魚 1 片、前腿絞肉 300 公克
細蔥花 1 大匙、嫩薑絲 1 大匙

調味料

（A）醬油 1 大匙、清水 3 ～ 4 大匙
胡椒粉 ⅙ 茶匙、鹽 ¼ 茶匙
（B）麻油 ½ 茶匙、太白粉 2 茶匙

做法

1. 絞肉再剁一下，加入調味料（A），仔細攪拌，成為有黏性的肉餡。
2. 再加入蔥花和調味料（B）拌勻。
3. 鹹魚沖洗一下，太鹹的話可以泡一下水，擦乾水分。
4. 將肉料放在有深度的盤中，拍成均勻的厚度，放上鹹魚，再撒上薑絲。
5. 放入蒸鍋（或電鍋）中，以大火蒸熟（約 20 ～ 25 分鐘）即可。

安琪老師的小學堂

鹹魚翻身的好滋味：廣東、江浙一帶都有鹹魚蒸肉這道菜，不過用的鹹魚不同，上海人愛用東洋魚、曹白魚；廣東人則用馬友魚和鹹黃魚，不同的鹹魚各有不同的鹹香味道，鹹魚可以整片放在肉上蒸，也可以拆碎了拌進絞肉裡去蒸。

瓜仔肉

材料

豬前腿絞肉 300 公克
醬瓜 ½ 杯、大蒜泥 ½ 茶匙

調味料

醬瓜汁 1 大匙（或醬油 ½ 大匙）、鹽 ¼ 茶匙
水 3 大匙、酒 1 茶匙、胡椒粉 ⅙ 茶匙、糖 ¼ 茶匙
太白粉 ½ 大匙

做法

1. 將絞肉再剁細一點，放入大碗內，先加入鹽和水攪拌，攪拌至有黏性。
2. 再繼續加入酒、醬瓜汁、胡椒粉和糖攪拌至完全吸收，最後加入太白粉拌勻。
3. 醬瓜切成小丁粒，和大蒜泥一起加入絞肉料內，繼續向同一方向攪拌均勻，再放入有深度的盤子裡。
4. 蒸鍋（或電鍋）中的水滾之後放入瓜仔肉，以大火蒸熟（約 20 分鐘）即可。

Tips:

1. 如果絞肉餡在調好後仍顯得較乾，可以再酌量加一點水拌勻，蒸的絞肉可以多調一些水分，使肉質吃起來較嫩。
2. 要使絞肉口感較嫩，太白粉也是不可少，但是量要注意，太多粉吃起來反而影響肉的香氣。

魚香肉絲

材料

瘦豬肉 250 公克、荸薺 6 個、乾木耳 1 大匙、大蒜屑 2 茶匙
薑屑 1 茶匙、蔥花 1 大匙

調味料

（A）醬油 ½ 大匙、水 2 大匙、太白粉 ½ 大匙
（B）辣豆瓣醬 1 大匙半、醬油 1 大匙、醋 ½ 大匙、水 3 大匙
酒 ½ 大匙、糖 2 茶匙、花椒粉 ¼ 茶匙、太白粉 1 茶匙
麻油 ¼ 茶匙

做法

1. 豬肉切絲後用調味料（A）拌勻，醃 20 分鐘。
2. 荸薺切絲；乾木耳泡軟、摘好，切成粗絲；碗中先把調味料（B）調好。
3. 將 1 杯油燒至 7 分熱，放入肉絲過油，肉絲變色將熟時，立刻撈出。
4. 用 1 大匙油爆香薑、蒜屑，放入木耳和荸薺同炒，再加入肉絲拌炒數下，淋下調勻的綜合調味料，炒拌均勻，撒上蔥花即可。

魚香最開胃：魚香味是川菜中很經典的味道，共需 10 多種辛香料及調味料共冶，才能燒出開胃的魚香味，事實上這跟四川人燒豆瓣魚的用料幾乎如出一轍，除了酒釀之外，無論用來燒茄子、蝦仁，或是做為烘蛋的淋醬，都非常討好。有時候我會在燙熟的豬肝或滷好的豬腳上也淋上魚香醬，或把醬汁拌入白麵條裡，再不好的胃口也會被這魚香味給打開來。

糖醋排骨

材料

小排骨 500 公克、洋蔥 ¼ 個、小黃瓜 1 條
番茄 ½ 個、蔥 1 支、蒜 3 粒、地瓜粉 ½ 杯

調味料

（A）鹽 ⅓ 茶匙、胡椒粉少許、水 2 大匙、酒 1 茶匙
（B）番茄醬 2 大匙、鹽 ¼ 茶匙、清水 ¼ 杯、糖 2 大匙
酒 1 大匙、烏醋 2 大匙、太白粉 1 茶匙、麻油 ¼ 茶匙

做法

1. 小排骨剁成約 2.5 公分的段，用調味料（A）拌勻，醃半小時，沾上地瓜粉。
2. 洋蔥、小黃瓜、番茄切成滾刀塊；蔥切段、大蒜切片；調味料（B）先調勻。
3. 炸油燒熱，放入排骨以中小火炸至熟，撈出。
4. 油再燒熱，放入排骨以大火炸 10 ～ 15 秒，見排骨成金黃色，撈出。將油倒出。
5. 用 2 大匙油炒香洋蔥、大蒜和蔥段，放下番茄和黃瓜再炒一下，加入調味料（B），煮滾後加入排骨，炒勻後關火，盛到盤中。

安琪老師的小學堂

台式糖醋排骨──沾粉炸、配料多：糖醋排骨酸酸甜甜的滋味特別開胃，因此也有許多不同種類的做法，這裡介紹的是台式做法的糖醋排，配料用的比較多，還有店家喜歡放鳳梨。

台式糖醋排骨的排骨肉要沾粉炸過，因此通常切得比較小塊，炸好後再加到放了番茄醬和烏醋調的酸甜醬汁中溜一下，即可起鍋。因為速度快，排骨中保留豐富的肉汁。

糖醋燒子排

材料

肋排（五花肉子排）600 公克、菠菜 300 公克、蔥 2 支（切蔥段）
薑 3 片、八角 1 顆、桂皮 1 小片

調味料

醬油 4 大匙、酒 3 大匙、冰糖 2 大匙、鎮江醋 2 大匙

做法

1. 子排剁成約 3 公分段，放入滾水中川燙，待排骨變色後撈出、洗淨。
2. 另起油鍋煎香薑片和蔥段，加入子排、八角、桂皮和調味料再拌炒一下，注入水 2 杯，煮滾後改以小火燒煮 1 個半小時。
3. 見排骨已燒得十分軟爛，收乾湯汁，盛入盤中。
4. 菠菜快炒至熟，加鹽調味，瀝乾水分，圍在排骨周圍即可。

安琪老師的小學堂

慢火燒出來的糖醋味：一樣是甜酸口味的糖醋排骨，台式和江浙式的做法有些不同。台式將排骨剁成小塊，裹粉酥炸後，放在醬汁中快速溜一下起鍋。江浙也有類似的糖醋小排做法，但剁小塊的排骨不裹粉直接油炸，再溜糖醋汁。

這裡介紹的糖醋燒子排，是將排骨切成長條狀的子排，川燙後放在醬汁中以小火慢燴，醬汁的味道都收進肉中，吃來很夠味。如果嫌大塊肉過於濃膩，可以在盤邊配些蔬菜，任何綠色蔬菜圍邊均可，豆苗、青江菜、空心菜、綠花椰菜都是不錯的選擇。

五更腸旺

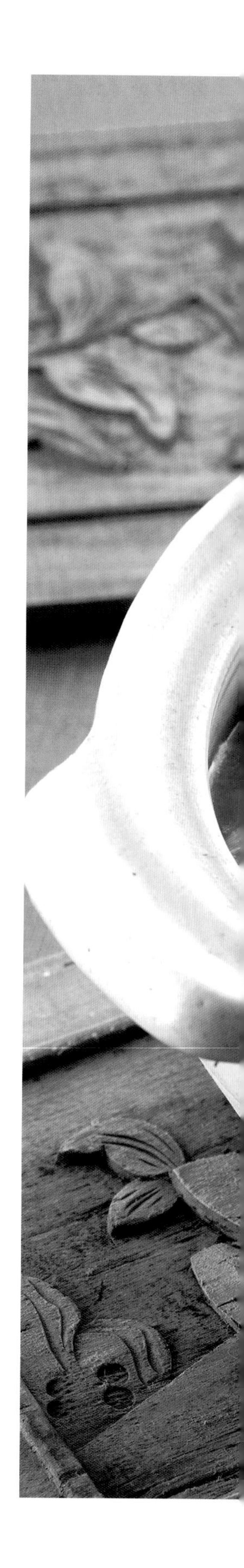

材料

大腸頭 1 條、鴨血 2 塊、清湯 1 杯、酸菜 150 公克、青蒜 1 支
大蒜 3 ～ 4 粒

煮大腸頭料

八角 2 顆、蔥 2 支、薑 2 片、米酒 2 大匙、水 5 杯

調味料

花椒粒 1 大匙半、辣豆瓣醬 2 大匙、酒 1 大匙、醬油 2 大匙、紅油 1 大匙
鹽適量、花椒粉（或花椒油）1 茶匙

做法

1. 大腸頭放在盆中，加大約 2 大匙油和 2 大匙麵粉搓洗，再以清水沖乾淨，以除去黏液。把腸子切成兩段，並用筷子將腸子翻轉過來，再沖洗一下內部。
2. 湯鍋中先煮滾 4 杯水，放入大腸頭燙煮 5 分鐘，水倒掉。另換煮大腸頭的料，煮約 50 分鐘，至大腸頭夠爛。取出待稍涼後，切成段或剖開後切成片（湯汁留用）。
3. 鴨血沖洗一下，臨下鍋煮之前才切成塊，多用水沖洗一下。
4. 酸菜切片，在水中浸泡一下，去除一些鹹味；大蒜切片、青蒜切斜段。
5. 砂鍋中放 3 大匙油，放入大蒜片和花椒粒炒香，再加入辣豆瓣醬炒一下，淋下酒和醬油，炒煮一下，加入清湯、紅油和 2 杯煮大腸的湯，放入鴨血、大腸頭和酸菜，以小火慢慢燉煮 15 ～ 20 分鐘。
6. 加入鹽和花椒粉調好味道，放入青蒜段再煮片刻即可。

台灣川菜館創造出來的五更麻辣味：五更腸旺是台灣川菜館研發出來的一道菜，甚至延伸出下有酒精爐煨燒的五更菜式。這是流口水指數滿高的一道菜，每次想到它麻辣的味道，禁不住伸出筷子。現在許多店家去掉大腸頭，加入臭豆腐，直接做成麻辣臭豆腐，也很好吃。

這道菜最麻煩的地方，在於處理大腸頭，可以一次買個 3 ～ 4 條，一起處理煮好，其餘的冷凍起來，下一次要做的時候就很方便啦！

咖哩肉末

材料
絞肉 400 公克、洋蔥 ½ 個、大蒜末 1 大匙
薑末 1 茶匙、胡蘿蔔 1 小支、紅甜椒 ½ 個
青椒 1 個、月桂葉 2 片

調味料
咖哩粉 3 大匙、鹽 ½ 茶匙、糖 ¼ 茶匙
胡椒粉少許、水 2 杯

做法
1. 用約 2 大匙油將絞肉炒散、炒熟，盛出。
2. 洋蔥、胡蘿蔔、青椒和紅甜椒分別切丁。
3. 再加入 1 大匙油，炒香洋蔥、大蒜末和薑末，加入咖哩粉炒出香氣，放下胡蘿蔔丁、月桂葉、鹽、糖、胡椒粉和水，煮至滾。
4. 將絞肉放回鍋中，以小火煮至湯汁將收乾，加入青紅甜椒丁，拌勻即可。

咖哩是一種調味方式：一般人在家做咖哩，多半選用肉塊，其實改用肉末來燒效果也很不錯，可以直接用咖哩塊來製作，咖哩塊有勾芡的效果，不用煮太久，湯汁濃稠就可以了。平時燉上一大鍋，拌麵配飯都很開胃。

蒜仔五花肉

材料
五花肉 300 公克、青蒜 2 支、紅辣椒 2 支

調味料
酒 1 大匙、醬油膏 2 大匙、水 3 大匙
白胡椒粉少許

做法
1. 五花肉連皮切成薄片。
2. 青蒜切斜片；紅辣椒也切斜片。
3. 炒鍋中熱 1 大匙油，將五花肉片放入鍋中煎炒一下，至五花肉的肥肉部分出油。
4. 放下辣椒和青蒜，淋下酒，再加其他調味料，大火炒勻。

蒜仔五花肉有生熟兩種炒法：蒜仔五花肉原是一道台式家常菜，有生熟兩種不同炒法，生的切片先炒出油、再加調味料炒，肉片吃起來較 Q 嫩、有焦香氣。也可以把五花肉煮 20 分鐘至熟（加蔥 1 支、薑 2 片、八角半顆、酒 1 大匙），待略涼後切片再炒，煮熟後再切片的肉較完整、肉面光滑且較有肉香。兩種方法都可以嘗試。喜歡吃辣的話，可以把生辣椒在油中煸炒至辣氣透出，或是加辣豆瓣醬同炒，或是最後滴下辣油，增加辣味更開胃。

橙汁肉排

材料
梅花肉 300 公克

調味料
（A）淡色醬油 1 大匙、水 2 大匙、小蘇打 ⅙ 茶匙（可免）
麵粉 2 大匙、太白粉 2 大匙
（B）柳橙汁 ⅓ 杯、糖 1 大匙、檸檬汁 1 大匙、鹽 ¼ 茶匙
新鮮柳橙原汁 3 大匙、太白粉 1 茶匙

做法
1. 梅花肉切成約 2 指寬片狀，約 0.8 公分的厚度，用調味料（A）拌勻，醃 1 小時。
2. 調味料（B）先調勻。
3. 炸油燒熱，放入肉排，以中小火炸至熟，撈出。油再燒熱，放入肉排以大火再炸 10 ～ 15 秒，見肉排成金黃色，撈出。將油倒出。
4. 用 1 大匙油炒調味料（B），煮滾後，放入排骨，大火拌炒一下，盛到盤中。

安琪老師的小學堂

多了果香的橙汁 誘開胃口：酸酸甜甜的味道讓人開胃，但同樣是酸甜味，呈現方式卻有很多種。傳統咕咾肉用酸果加糖和番茄醬燒出來；台式糖醋排骨是醬油、烏醋和糖的滋味；橙汁肉排是在香港流行起來的新派粵菜，用柳橙調成的橙汁加檸檬提味，多了水果的香氣，更吸引人。

為了顏色好看，餐廳會將醃了小蘇打的肉排沖去血水，讓肉色變淺彰顯出橙汁的顏色，小蘇打主要目的在嫩化肉質，可以自行決定是否要添加。此外，用卡士達粉（custard powder）加水勾芡，也會使橙汁變成橘黃色，沒有時用太白粉亦可，但醬汁的顏色較透明，不會像餐廳做的那麼好看。

東坡肉

材料

五花肉 2 條（約 900 公克）、蔥 4 支、薑 1 小塊、八角 2 顆
桂皮 10 公克、水草繩 8 條

調味料

糖 2 大匙、醬油 5 大匙、紹興酒 ½ 杯

做法

1. 五花肉選 5 公分寬一條，再切成 5 公分寬的四方塊。
2. 水草繩泡軟後，把五花肉綁成十字型，放入熱水中燙煮 2 ～ 3 分鐘。
3. 鍋中用 2 大匙油炒糖，炒成黃褐色後加水 4 杯煮滾，再放入蔥、薑、八角、桂皮、醬油和酒 ¼ 杯，再煮滾後放下肉塊，以極小的火煮 2 小時。
4. 關火，待肉冷後，盛放到湯盅內，湯汁過濾後也倒入盅內，加入 2 大匙紹興酒，封好後再蒸 1 小時至夠軟爛。

料好、火候足，東坡肉味自美：東坡肉是杭州館子的招牌菜，相傳是大文豪蘇東坡留下的食譜，這道菜的用料簡單，關鍵在用料要好、火候要足。一旦火候到位，味道自然豐美。它和一般紅燒肉不同的地方，在於要先炒出糖色，這樣燉出來的五花肉色更美、味更香。

做好的東坡肉最好放冷後，放入冰箱冷藏一夜，食用前撇除油脂，再加入 2 大匙的酒，蒸 20 ～ 30 分鐘，待肉熱透後再食用，不但減少油膩且香氣更足。

壽喜燒

材料

火鍋牛肉片 400 公克、大白菜 600 公克、新鮮香菇 4 朵
金針菇 1 把、豆腐 1 塊、茼蒿菜 150 公克、大蔥 1 支
蒟蒻絲或蒟蒻捲適量

調味料

柴魚醬油 5 大匙、味醂 2 大匙（或糖 1 大匙）、水 1 杯
柴魚片 1 包

做法

1. 大白菜切寬段備用；新鮮香菇快速沖洗一下，切成厚片。
2. 金針菇切除根部，沖洗乾淨；蒟蒻絲或捲用水多沖洗一下，蒟蒻絲要切短一點。
3. 茼蒿摘好，切除根部；大蔥切斜片；豆腐切成厚片。
4. 水煮滾，放入柴魚片一滾即關火、撈棄，加醬油、味醂或糖調勻做成味汁。
5. 選用寬口的厚鐵鍋或寬口砂鍋，將 4 大匙的油燒熱，放入牛肉片和數片大蔥，炒至 8 分熟，盛出。
6. 如果需要再加少許油，放入大白菜和數片大蔥，炒至大白菜變軟，在白菜上排上各種材料，淋下醬油等調味料，蓋好鍋蓋，以中火煮 3 ～ 5 分鐘。
7. 將牛肉放回鍋中，茼蒿菜放邊上，再煮一滾即可上桌。

親切的家庭壽喜燒：在日本高級餐廳吃壽喜燒，無論用料還是燒製手法都很講究，餐廳中多半採火鍋涮著肉的方式吃，有些還有專人服務，所費當然也不貲。一般人在家做壽喜燒，準備起來其實並不麻煩，吃起來卻有如吃火鍋一般過癮，尤其經過醬汁浸潤的肉片、豆腐、香菇，無一不開胃。

煎豬肝

材料
新鮮豬肝 250 公克、香菜適量

調味料
（A）太白粉 2 茶匙
（B）酒 2 茶匙、醬油 2 大匙、糖 4 大匙
胡椒粉少許、水 1 大匙、麻油數滴

做法
1. 豬肝切成 0.5 ～ 0.6 公分的薄片，加入調味料（A）抓拌均勻。
2. 鍋中將 4 杯水煮至將要燒滾，放入豬肝，以小火泡煮至 7 ～ 8 分熟，撈出、放入冷水中再抓洗一下，洗去雜質與血沫，瀝乾水分。
3. 鍋中熱 2 大匙油，將調味料（B）炒煮至滾且濃稠時，放下豬肝，大火拌炒至湯汁附著在豬肝上，香菜裝飾後盛出。

Tips:
1. 這是一道看似簡單，卻不容易掌握好的一道台灣老菜，從選購豬肝就要注意，要選有些粉嫩的粉肝，顏色太深紅的豬肝本身就很老。
2. 豬肝川燙後要立即沖冷水，一方面去血水，另一方面降溫，這樣燒出來豬肝才會外脆內嫩。
3. 醬汁要煮滾且有些濃稠時，再放入豬肝，將豬肝沾裹上醬汁即可，不要燒太久。

蘿蔔紅燒肉

材料
梅花肉 600 公克（或五花肉）、薑 2 片、八角 1 顆
白蘿蔔 600 公克、蔥 3 支（切蔥段）

調味料
紹興酒 ¼ 杯、醬油 ½ 杯
冰糖 1 大匙

做法
1. 將豬肉切塊，用熱水川燙約 1 分鐘，撈出、沖洗乾淨。
2. 白蘿蔔切成滾刀塊。
3. 鍋中燒熱 1 大匙油，放入蔥段、薑片和八角，炒至香氣透出。
4. 放入豬肉，淋下酒和醬油，再炒至醬油香氣透出，加入約 2½ 杯的水，大火煮滾後加入冰糖改小火慢燒。
5. 約 50 分鐘後，放入白蘿蔔，再煮約 20 ～ 30 分鐘，見肉與蘿蔔均已夠軟，開大火收汁，至湯汁收濃稠即可關火。

Tips:
1. 放下白蘿蔔後不要過於翻攪，以免肉散掉，同樣道理，等白蘿蔔已變透明時，就不要再任意翻動，以免蘿蔔破碎。
2. 喜好肉質香 Q 的人，也可以將肉和蘿蔔同下，燒 30 分鐘蘿蔔好的時候，肉也好了。

椰汁炒牛

材料

嫩牛肉 200 公克、紅色大辣椒半條、檸檬葉 3 片

調味料

（A）蠔油 1 茶匙、糖 ¼ 茶匙、麻油 ¼ 茶匙
　　小蘇打 ⅙ 茶匙（可免）

（B）紅咖哩 1 大匙、紅蔥頭 3 粒、大蒜 2 粒、香菜梗 6 ～ 7 支
　　椰漿 ⅓ 罐、糖 ½ 茶匙、魚露 1 茶匙

做法

1. 牛肉逆紋切成片，用調味料（A）拌勻，先醃約 10 ～ 20 分鐘。
2. 紅辣椒去籽，斜切成片；檸檬葉切粗絲。
3. 將紅咖哩、紅蔥頭、大蒜和香菜梗放入搗盅內搗碎。
4. 鍋中放 1 大匙油，加入紅咖哩，小火先炒至香，再分次加入椰漿，邊加邊攪勻，用小火煮滾。
5. 煮滾後，加入牛肉片、大辣椒片和檸檬葉，並用魚露和糖調味，繼續用小火邊煮邊攪，煮約 1 ～ 2 分鐘，見牛肉已熟即可關火，起鍋裝盤。

搗出香料的味道來：最常見的泰式咖哩可以大分為紅、黃、綠三種，紅咖哩是其中最溫和的一款，做這道菜的關鍵在於搗碎香料，不要用刀切，也不要用食物調理機，我都是遵照傳統方法用石杵在研磨缽裡把香料搗成泥，搗的時候手勢要均勻，順同一個方向轉動。

此外，醃牛肉時不需加入太白粉，否則會讓椰漿汁變稠，而破壞它原有的味道。煮椰漿和調味料時，一定要用小火，並不時攪動，避免燒焦。

椒麻雞

材料

雞腿 2 隻、高麗菜 ¼ 顆、蔥 2 支、薑 2 片、紅辣椒 1 支、大蒜 2 粒
香菜 1 ～ 2 支

調味料

（A）醃雞肉料：蛋汁 1½ 大匙、酒 1 茶匙、糖 ⅛ 茶匙
蜂蜜 2 ～ 3 滴、薑汁少許

（B）醬油 2 大匙、醋 1 大匙、檸檬汁 1 大匙、糖 1 大匙、鹽少許
花椒粉 ⅓ 茶匙、麻油 ½ 大匙

做法

1. 雞腿去骨，斬剁一下，將肉厚處片開。用蔥、薑和醃雞肉料拌匀，醃 20 分鐘。
2. 高麗菜洗淨，切成細絲，用冰水泡 10 ～ 15 分鐘。瀝乾。
3. 蔥切成細蔥末；大蒜磨成泥；紅辣椒去籽，切碎；香菜略切。調味料（B）調匀，放入蔥末和蒜泥。
4. 鍋中燒熱 3 杯油，放入雞肉先大火炸 30 秒鐘，轉成小火慢慢炸至熟，撈出。將油再燒熱，放下雞肉大火炸 10 秒鐘，撈出。切成條，排在高麗菜上。
5. 淋下調味汁，撒下紅椒末和香菜段。上桌後拌匀。

椒麻醬汁拌高麗菜：在雲泰餐廳中賣的非常好的椒麻雞，最吸引人的還是調味料（B）的醬汁，只用它來拌高麗菜就很好吃。此外，也可以把炸雞肉換成松阪豬肉、松阪牛肉，烤熟後切片來拌著吃。

三杯雞

材料

半土雞腿 2 隻、大蒜 10 粒、老薑片 10 ～ 12 片、紅辣椒 1 ～ 2 支
九層塔 3 ～ 4 支

調味料

黑麻油 ⅓ 杯、米酒 1 杯、醬油 ⅓ 杯、冰糖 1 大匙、熱水 ⅔ 杯

做法

1. 雞腿洗淨，剁成約 2 公分寬的塊；大蒜小的不切、大粒的一切為二。
2. 鍋燒熱，放入麻油，加熱至 5 分熱時，放入薑片，以小火慢慢爆炒至香氣透出。
3. 炒至薑片水分減少時，放入大蒜一起炒炸，至大蒜變黃時，放入雞塊，改成大火翻炒。
4. 炒至雞肉變白，沒有血水時，加入其餘調味料煮滾，倒入燒熱的砂鍋或鐵鍋中。蓋上鍋蓋，用中小火煮至雞肉熟透且水分收乾，約 15 ～ 20 分鐘。
5. 放入切斜片的紅辣椒拌煮一下，再放入九層塔葉，拌一下即可。

啤酒屋裡的下酒菜：三杯雞最早是從啤酒屋發展出來的菜式，因為要下酒，口味做得特別重，所謂「三杯」原本是指醬油、米酒和麻油各一杯去燒出來的口味，後來因為口味太重鹹且油膩，因此把醬油和麻油都減少，同時加一點糖來平衡鹹味。另外，這道菜還有 4 位重要配角，分別是紅辣椒、大蒜、薑和九層塔，少了這幾味，三杯雞就不夠正宗。

「三杯雞」受歡迎之後，許多食材都被用來做成三杯的口味，例如：三杯小卷、三杯竹筍、三杯杏鮑菇，做起來都有很不錯的風味，只是要注意調整醬油和麻油用量。

梅乾菜燒肉

材料
五花肉 600 公克、八角 1 顆、薑 3 片
蔥 2 支（切蔥段）、梅乾菜 2 包

調味料
醬油 2 大匙、酒 2 大匙、糖 2 茶匙

做法
1. 五花肉切成約 1 公分的片；如選用袋裝梅乾菜，直接泡水約 20 分鐘，梅乾菜略軟即可切短一點，湯汁留用。
2. 鍋中加熱 1 大匙油，放下五花肉，把五花肉煎出油來。放下蔥段、薑片和八角炒香，淋下酒和醬油再翻炒至五花肉上色。
3. 加入梅乾菜和浸泡汁液（約 1½ 杯，不足可以加水），煮滾後加入糖改小火燒至肉以軟爛。

Tips:
1. 傳統梅乾菜是捲成一捲的，含沙較多，使用時要先沖水洗淨，同時也比較鹹，醬油和糖的比例要做調整。
2. 梅乾菜有特殊的香氣，很下飯，也可以將五花肉先煮定型後切片，排在一個碗中，再加梅乾菜一起蒸軟爛，做成梅乾菜扣肉。

回鍋牛小排

材料

去骨牛小排 3 片、洋蔥 ⅓ 個
蔥段 10 小段、蒜末 1 茶匙
青椒半個、紅椒 2 支

調味料

（A）醬油 2 茶匙、小蘇打粉 ⅙ 茶匙、太白粉 1 茶匙
酒 1 茶匙、水 1 大匙
（B）甜麵醬 2 茶匙、醬油 ½ 茶匙、水 3 大匙、糖 1 茶匙
酒 1 茶匙

做法

1. 青椒和紅椒切成片；牛小排切開成小片，用調味料（A）醃半小時。
2. 鍋中燒熱 3 大匙油，放下牛小排，以大火至煎兩面有焦痕，約 5 分熟時，盛出。
3. 用 2 大匙油炒洋蔥片、青椒及蒜末，再加入甜麵醬炒出醬香。
4. 加入其他調味料炒勻，並將牛小排回鍋拌炒均勻，放下紅椒及蔥段，再拌炒一下即可盛出。

回鍋肉升級版：菜餚的創新可以從食材著手，回鍋牛小排是媽媽從老菜回鍋肉演繹出來的新創，利用無骨牛小排取代傳統的五花肉片，讓老菜整個 upgrade 起來。燒製這道菜有兩個重點，一個在於牛小排的火候控制；另一個則在炒醬工序，做「回鍋肉」很重要的是要將醬料炒出香氣，因為用了甜麵醬，切記不能用大火炒，以免有焦苦味。

sugar
biscuit
tea

檸檬雞片

材料

雞胸肉 1 片、檸檬 2 顆、玉米粉 6 大匙

調味料

（A）鹽 1 茶匙、酒 2 茶匙、蛋黃 1 個、白胡椒粉少許
水 1 大匙

（B）糖 4 大匙、水 ½ 杯、鹽 ¼ 茶匙、太白粉 1½ 茶匙
淡色醬油 1 茶匙

做法

1. 把雞胸肉內側的小裡脊肉拉掉，修整掉軟骨，斜切成片，用調味料（A）攪勻，醃 15 分鐘。
2. 把 1 個半的檸檬擠汁，大約有 3 ～ 4 大匙，並磨下一點檸檬皮屑，和調味料（B）一起調勻；另外半個可切片做盤飾。
3. 雞片沾上玉米粉，輕輕壓一下，放 1 ～ 2 分鐘，使粉料固定。
4. 炸油燒至 8 分熱，放下雞肉，用中小火炸約 1 分鐘，撈出雞肉。
5. 油再燒熱，放入雞肉，大火炸至外皮金黃，撈出，瀝乾油。
6. 另用 1 大匙油，倒下檸檬調味料煮滾成芡汁，試一下味道，淋在雞片上，再撒上些磨碎的檸檬皮。

檸檬香氣誘人開胃：檸檬的香氣特別開胃，這道檸檬雞片是廣東菜，也有將雞胸肉整片炸熟後再切片上盤，可以吃到雞胸肉內嫩外酥的口感，切片沾粉後再炸，雞胸肉比較香酥。

東南亞一帶的國家都喜歡以檸檬代替醋的酸味，我們在做涼拌菜時也不妨以檸檬汁取代醋，會有不同的香氣。

水煮牛肉

材料

牛肉 250 公克、芹菜 4 支
黃豆芽 120 公克、大蒜片 15 片
蔥 2 支（切蔥段）

調味料

（A）太白粉 1 大匙、小蘇打粉 ¼ 茶匙（可不加）
水 2 ～ 3 大匙、麻油 ½ 大匙
（B）辣豆瓣醬 2 大匙、酒 1 大匙、高湯 2 杯
花椒油 1 大匙、太白粉水適量
（C）辣椒粉 ½ 大匙、花椒粉 ½ 大匙、熱油 2 大匙

做法

1. 牛肉切片後用調味料（A）拌勻，醃半小時以上。
2. 芹菜洗淨，連部份葉子切成段。
3. 用油炒黃豆芽和蔥段，見黃豆芽略軟，加芹菜同炒，盛放在碗中。牛肉過油，約 9 分熟時撈出，放在豆芽上。
4. 用約 2 大匙油爆香大蒜片，下辣豆瓣醬炒開，淋酒和高湯，煮滾加花椒油，勾芡後倒入碗中（約 7 分滿）撒上辣椒粉和花椒粉，淋下燒熱的熱油，上桌後拌勻。

水煮牛肉——辣度可自行調整：水煮牛肉和水煮魚都是在中國內地非常流行的菜式，整個碗中都浮著辣椒油和乾辣椒。在家做時可以減少用油量，並自行調整辣度。醃牛肉時的小蘇打粉可隨個人好惡、自己決定是否要加，加了會使牛肉像餐廳中那樣 QQ 嫩嫩的，不加就稍微硬一些。

沙茶牛肉

材料

牛肉 250 公克、空心菜 250 公克
大蒜 3 粒、蔥 1 支、紅辣椒 1 支

調味料

（A）醬油 ½ 大匙、水 2 大匙、太白粉 ½ 大匙
小蘇打 ¼ 茶匙（可不加）

（B）沙茶醬 1 大匙半、糖 ¼ 茶匙、酒 1 茶匙
醬油 1 茶匙

做法

1. 牛肉逆紋切粗條片，調味料（A）在碗中先調勻，放入牛肉抓拌均勻，醃 30 分鐘。
2. 空心菜洗淨，切段；大蒜切末、蔥切段、紅辣椒切斜片。
3. 燒熱 1 大匙油，將空心菜快炒至熟，加少許鹽調味，盛出。
4. 用半杯油先將牛肉過油炒至 8 分熟，撈出。油倒出。
5. 用 1 大匙油爆香大蒜、蔥段和紅辣椒片，加入牛肉和先在碗中調勻的調味料（B），大火炒勻，倒入空心菜一拌即可裝盤。

冬炒夏燙，拌沙茶各有風味：這是從夜市熱炒攤上流行起來的菜色，沙茶醬的香氣特別吸引人，加上大火爆炒的鍋氣，讓菜一上桌就勾動食慾。其實天熱的時候也可以改用燙的，空心菜和牛肉燙熟之後，用沙茶醬拌著吃，雖然香氣差一點，但更清爽，別有風味。

鹽酥雞

材料

去骨雞腿 2 隻、蔥 2 支、薑 2 片、番薯粉 ⅔ 杯
麵粉 2 大匙、九層塔 3 ～ 4 支

調味料

（A）酒 1 大匙、鹽 ¼ 茶匙、胡椒粉少許、蛋黃 1 個
（B）五香粉 ½ 茶匙、白胡椒粉 ½ 茶匙、鹽 1 茶匙、大蒜粉 1 茶匙

做法

1. 將雞腿剁成 3 公分大小的雞塊，放在大碗中。加入拍碎的蔥、薑及調味料（A）一起拌勻，醃約 30 分鐘。
2. 番薯粉和麵粉拌勻後用來沾裹雞塊，儘量使每塊雞肉均勻裹上粉，放置 3 ～ 5 分鐘。
3. 鍋中把 4 杯炸油燒至 8 分熱，放入雞塊，以中小火炸至 9 分熟（約 1 分半鐘），先撈出雞塊。
4. 將油再燒熱，重新放下雞塊，以大火再炸 15 ～ 20 秒鐘，至外表酥脆，撈出、瀝淨油漬。
5. 放下摘好的九層塔炸一下即撈出，和雞塊略拌，撒下調勻的調味料（B）即可。

剩油處理法：鹽酥雞是許多大小朋友都喜愛的炸物，很多人怕在家裡做油炸的菜式，其實自己做可以替使用的炸油把關，同時炸過的油是可以重複使用的，尤其沾乾粉的食材不易污染炸油，待油冷了之後，濾去渣渣仍可以用容器裝起來使用。

如果是炸海鮮剩下的油，則可以將油燒熱後，丟入蔥薑將腥味去除，撈棄蔥薑後再留存。

泰式辣炒雞肉

材料
雞胸肉 250 公克、蒜末 ½ 茶匙
大辣椒 ½ 支、九層塔少許
小番茄 6 顆

泰式辣椒醬
紅辣椒末 2 大匙、洋蔥末 1 大匙、蒜末 1 茶匙

調味料
蠔油 1 茶匙、魚露 2 茶匙、高湯或水 2 大匙
糖 ½ 茶匙、胡椒粉少許、酒 1 茶匙

做法
1. 用 2 大匙溫油炒辣椒末、洋蔥末和大蒜末，以中火慢慢炒香，做成泰式辣椒醬，盛出備用。
2. 雞肉剁碎；小番茄切成兩半；大辣椒去籽、切片。
3. 鍋中放約 1 大匙的油，加入小番茄、蒜末、大辣椒片和炒好的泰式辣椒醬，用小火再炒香。
4. 加入所有的調味料，和剁碎的雞胸肉，用大火炒煮約 2 分鐘左右，至雞肉已全熟。
5. 起鍋時，加入九層塔葉，略為拌合即可裝盤。

Tips:
泰式的辣炒類很下飯，可以炒牛肉、豬肉和雞肉，喜歡這個味道的話，可以將泰式辣椒醬一次多做一些，炒好放涼後，裝瓶儲存，就不用每次都剁、再炒。泰式辣椒醬也可以用來炒蔬菜或做涼拌菜，非常好用。

泰式咖哩雞

材料
肉雞雞腿 3 隻、馬鈴薯 2 個

調味料
咖哩粉 1½ 大匙、糖 1 大匙、魚露 1 大匙
辣油 1 大匙、清湯 1 杯半、椰漿 1 罐
泰式紅咖哩 1 大匙

做法
1. 將每隻雞腿依大小剁成 3 或 4 塊，川燙一下，撈出。
2. 馬鈴薯去皮後切成大塊。
3. 鍋中先放 1½ 大匙的油和咖哩粉，再開火慢慢將它們炒香。
4. 放入雞腿、馬鈴薯，椰漿、紅咖哩、糖、魚露、辣油和清湯全部放入湯鍋內。
5. 用大火煮滾後轉成小火，煮約 20 ～ 25 分鐘，至馬鈴薯已夠軟，即可關火。裝入深盤子或砂鍋中上桌。

Tips:
1. 煮時要不時攪動鍋子，待馬鈴薯熟軟後即可熄火。
2. 泰式紅咖哩買不到時可以用咖哩塊 1 ～ 2 塊來代替。

Part 2

下飯菜。海鮮

辣豆瓣魚

材料
活鯉魚 1 條或新鮮魚亦可、薑屑 1 大匙
大蒜末 1 大匙、蔥花 2 大匙、豆腐 1 塊

調味料
辣豆瓣醬 2 大匙、酒釀 2 大匙、太白粉水少許
醬油 1 大匙、鹽 ½ 茶匙、糖 2 茶匙、水 2 杯
酒 1 大匙、鎮江醋 ½ 大匙、麻油 1 茶匙

做法
1. 魚打理乾淨後，可在魚身上斜切 2 ～ 3 條刀紋，擦乾水分。
2. 鍋中燒熱油 5 大匙，將魚下鍋稍微將兩面煎一下，放入薑屑、蒜末爆香，再放入辣豆瓣醬和酒釀同炒，淋下酒、醬油、鹽、糖、水一起煮滾，放入魚和豆腐同煮約 10 分鐘。
3. 見汁已剩一半時，將魚盛出，湯汁勾芡，淋下醋和麻油，撒下蔥花，把豆腐和汁淋在魚身上。

安琪老師的小學堂

魚香好味道：是四川菜中最有名的魚料理，使用的辛香料和調味料多達 11 種，甚至因為味道太好，用這些辛香調味料去烹調的其他食材也被冠以「魚香」兩字，成為有名的四川複合調味料，例如魚香肉絲、魚香茄子、魚香烘蛋。如果用鯉魚來燒，由於刺多，通常不切刀紋，以免把刺切斷變得短碎，反而不易食用，但若改用其他魚就可以切刀紋。

樹子蒸鮮魚

材料

新鮮魚 2 條（約 300 公克）、罐頭樹子 2 大匙、醬瓜 2 ～ 3 條
薑絲 1 大匙、蔥絲 1 大匙

調味料

醬瓜湯汁 2 大匙、樹子湯汁 1 大匙、酒 ½ 大匙

做法

1. 魚打理乾淨，放在抹了油的蒸盤上。
2. 醬瓜切成和樹子差不多大小的丁，和樹子混合撒在魚身上，再撒下薑絲和調勻的調味料。
3. 放入蒸鍋蒸至魚熟即可，關火前撒下蔥絲，再燜半分鐘，取出上桌。

樹子鮮鹹襯魚鮮：樹子又稱破布子，是南部鄉下很常見的樹種，盛夏來臨的時候，破布子結實累累高掛枝頭，鄉下人採下新鮮樹子煮去澀水後，再以豆醬醃漬，味道鮮鹹而會回甘，非常適合搭配味輕而鮮的魚類，較不適合鮭魚一類本身有重味的魚類。

宮保蝦仁

材料

蝦子 20 隻、乾紅辣椒 10 支、花椒粒 1 茶匙、薑屑 1 茶匙
油炸或烤熟的花生米 ½ 杯

調味料

（A）鹽 ¼ 茶匙、酒 1 茶匙、太白粉 2 茶匙
（B）醬油 1 大匙、酒 1 大匙、糖 ½ 大匙、醋 1 茶匙、太白粉 ½ 茶匙
水 3 大匙、麻油 ¼ 茶匙

做法

1. 蝦子剝殼、留下尾殼，在蝦仁背上剖劃一刀，用調味料（A）拌勻，醃 5 ～ 10 分鐘。
2. 乾紅辣椒切成段；花生米去皮備用；調味料（B）先調勻。
3. 鍋中把 ½ 杯油燒至 8 分熱，放下蝦仁過油炸熟，撈出。
4. 油倒出，只留下約 1 大匙油，先小火炒香花椒粒，待成為深褐色時撈棄。
5. 再放入辣椒段炒一下，加入薑屑和蝦仁，大火炒數下。
6. 加入調味料（B）炒勻，熄火後加入花生米即可裝盤。

宮保，川菜的代表口味：這道菜的原始版本來自於宮保雞丁，相傳是清朝大臣丁寶禎，官拜宮保，特別喜歡以乾的辣椒炒雞丁待客，因而產生「宮保雞丁」這道名菜。發展到後來，宮保的味型已固定成為川菜的代表口味之一，並以此味型來搭配其他食材，例如宮保魷魚、蝦仁、肉丁、高麗菜等。

豆酥鱈魚

材料
鱈魚 1 片（約 400 公克）、蔥末 2 大匙
黃豆豉 1 球或 2 ～ 3 大匙、蒜末 1 茶匙
薑末 1 茶匙

調味料
（A）鹽、酒各少許
（B）酒 1 茶匙、糖 ¼ 茶匙、麻油少許
辣豆瓣醬 ½ 茶匙

做法
1. 魚洗淨，抹上鹽和酒後入蒸鍋蒸約 10 分鐘至熟，取出倒掉湯汁。
2. 如果買的是成球狀的黃豆豉，要先剁得非常細。
3. 鍋中用 3 大匙油先炒蒜末、薑末和豆豉末，小火炒出香味且成為金黃色後，加入辣豆瓣醬等調味料炒勻。
4. 趁熱淋在鱈魚上，撒下蔥末即可。

小火炒豆酥是關鍵：「豆酥蒸魚」是 30 多年前從台灣川菜館發展出來的一道菜，最初用鯧魚來蒸，後來改用肉厚的鱈魚。豆酥是這道菜開胃的最大功臣，這種特殊的黃豆豉本來是成一球一球的出售，使用前要剁的非常細再來炒，為了方便使用者，現在有剁好的黃豆豉出售。做這道菜的成敗關鍵就是在於豆豉是否能炒香，炒的時候要視鍋中情況添加油的量，一定要用小火慢慢炒至香氣透出。

茄汁魚片

材料
魚肉 250 公克、青紅甜椒各 ⅓ 個
洋蔥 ½ 個、太白粉 ¼ 杯、番薯粉 ¼ 杯

調味料
（A）鹽 ¼ 茶匙、水 2 大匙、蛋黃 1 個
（B）番茄醬 2 大匙、糖跟醋各 3 大匙、鹽 ¼ 茶匙
太白粉 2 茶匙、水 ½ 杯、麻油數滴

做法
1. 魚肉切成約 3 公分大小的厚片，用調味料（A）拌勻，醃 10 分鐘。
2. 洋蔥和青紅甜椒均切成粗條。
3. 太白粉和番薯粉混合，將魚片沾滿粉料，放置 3 ～ 5 分鐘後，投入 8 分熱的油中炸至將熟，撈出魚片。
4. 油再燒熱，放下魚片再炸至酥脆、金黃後，用 2 大匙油炒香洋蔥，放下青紅椒條略炒，倒下調勻的調味料（B），煮滾後放下魚片，一拌便可裝盤。

安琪老師的小學堂

糖＋醋＋番茄醬＝茄汁風味：茄汁口味的菜色，普遍都有開胃效果，因為調味的不同，又可分成許多類。如果是不偏酸的，多半稱為紅燴，這是上海式西餐的常見手法，例如紅燴雞排、豬排。另有一部份茄汁的菜色則是加了糖醋的甜酸口味，糖和醋的比例基本上是一樣的：3 大匙的糖、3 大匙的醋調上 2 ～ 3 大匙的番茄醬，是一般人都會喜愛的糖醋茄汁風味。

避風塘蝦

材料

草蝦或大隻白沙蝦 8 隻、黃豆豉 2 大匙、豆豉 1 大匙、蒜酥 3 大匙
紅蔥酥、蝦米末各 1 大匙、蔥 1 支（切蔥花）、紅辣椒 1 支（切末）

調味料

酒 1 大匙，鹽、糖、胡椒粉、太白粉各適量

做法

1. 草蝦由背部剖開，淋下酒，加鹽和適量太白粉抓拌一下。
2. 鍋中將 3 杯炸油燒熱，放下草蝦，大火炸熟，撈出，再將油燒熱，放下草蝦炸酥，撈出瀝乾油。
3. 炸油倒出，放下黃豆豉，以小火炒至香酥，再放下蝦米末和豆豉末炒香。
4. 加入蒜酥、紅蔥酥、蔥花和紅辣椒末，把鍋中各種材料炒酥，放下草蝦，大火拌炒均勻，適量灑下少許鹽、糖和胡椒粉調味，盛出。

炒辛香料考驗耐性：從香港避風塘船家菜流行出來的「避風塘炒蟹」，是近十多年來在港式海鮮酒樓很常見的菜式，最大特色是把蒜片炸得金黃酥脆，上桌的螃蟹幾乎被一片蒜酥辛香料覆蓋，味道較重，很下酒。

家常要做這道菜，改用蝦子比較容易掌握，關鍵在於炒香辛香料的時候，火候不能太大，要有耐心才能把辛香料的味道全部炒出來，是考驗耐性的一道菜。

豆油赤鯮

材料
赤鯮 1 條、蔥 3 支（切蔥段）
薑絲 1 大匙

調味料
酒 2 大匙、醬油 2 大匙、糖 2 茶匙
烏醋 ½ 大匙、水 1 杯

做法
1. 魚身兩面切 2 ～ 3 條刀口，如選用比較扁平、肉薄的魚，就不用切刀口。
2. 鍋中燒熱油 3 大匙，先把魚擦乾，再放入鍋中，以中火煎黃表面，翻面再煎時，加入蔥段和薑絲一起煎香。
3. 蔥段夠焦黃時，淋下調味料，煮滾後改中火煮約 8 ～ 10 分鐘（中途翻面一次），至湯汁約剩半杯時即可關火。

Tips:
1. 這是一種最基本魚的吃法，把魚煎到 6 ～ 7 分熟，再烹上醬油等調味料快速烹煮至熟，充滿蔥薑和醬油的香氣，唯一要注意的是醬油的顏色不要太深。
2. 赤鯮魚又稱紅魚，其實一般新鮮魚，例如青衣、嘉鰰、金線魚、馬頭魚用這種方法烹調，效果都非常好。

鮮茄醬燒蝦

材料
新鮮蝦 10 隻、番茄 1 個
洋蔥 ¼ 個、大蒜末 1 茶匙

調味料
番茄醬 1 大匙、糖 2 茶匙、淡色醬油 1 茶匙
胡椒粉少許、鹽 ½ 茶匙、太白粉水少許

做法
1. 蝦子剪去眼睛前的一段，並將頭鬚略修剪，備用。
2. 番茄去皮、切成丁；洋蔥切細絲。
3. 鍋中燒熱 3 大匙油，將蝦子放下，大火煎至捲起，已有 8 分熟時盛出。
4. 放下洋蔥絲和蒜末炒香，再放下番茄丁炒軟，加番茄醬、醬油、鹽、糖和胡椒粉，再加入水 ¼ 杯，大火炒煮至滾，放回蝦子，燒約 1 分多鐘，入味後勾芡即可。

茄汁燒蝦的多層次變化：這是我想出來的一道菜，利用茄汁和番茄的果酸，去帶動洋蔥的辛香，滋味不同於中式用蔥、薑加醬油烹出來的蝦仁滋味，吃起來比較柔和也比較有層次變化。在蝦的選材部分，草蝦剖背後容易捲起，比較好看，同時蝦肉也容易沾到醬汁，較有味道。使用較小的白沙蝦則不必剖背、整隻燒就可以了。

月亮蝦餅

材料

蝦仁 600 公克、絞肥豬肉 80 公克、蛋半個、春捲皮 6 張、梅子醬 2 大匙

調味料

糖 1 茶匙、麻油 1 茶匙、胡椒粉少許

梅子醬

梅子肉剝下，和梅子核一起放入碗中，加白醋蒸 30 分鐘後，倒入鍋中，加入適量白糖煮溶化，用篩網過濾掉梅子核。

做法

1. 蝦仁先用少許鹽抓洗，再用水沖洗至沒有黏液。用 1 塊乾淨的毛巾或紙巾，將蝦仁的水份擦乾。
2. 將蝦仁先用刀面拍扁，再用刀背剁成泥狀。
3. 蝦泥及絞肥豬肉放大碗中，加入蛋汁、糖、麻油、胡椒粉拌勻。
4. 將蝦泥料拿在手中摔打，約 5 ～ 8 分鐘，要摔至蝦泥料有彈性。
5. 取出⅓量的蝦泥料放在 2 張春捲皮中間夾著，用一把厚刀在春捲皮上拍打，兩面都要平均的拍打，直到蝦泥餡和春捲皮同樣大小。可做 3 片月亮蝦餅。
6. 在拍打好的蝦餅表面，用刀尖戳上 9 個小洞。
7. 油燒至 8 分熱，將蝦餅放油鍋內，用中火炸至呈現金黃色即可。
8. 撈出後，切 4 刀成 8 片即可裝盤，附上梅子醬上桌沾食。

安琪老師的小學堂

炸蝦餅前先拍打出空氣：這是一道在雲泰系列的餐廳中非常受歡迎的菜，製作起來雖然有一些麻煩，但是香氣很足，讓人一口接一口停不下來。製作關鍵在於蝦泥要摔打出漿，口感才會軟 Q。其次做好的蝦餅在下鍋前，要先以刀背在春捲皮上輕拍，徹底拍打出空氣，最後再以刀尖戳上 9 個小洞，如此可以避免蝦餅在油炸過程中膨大起來。

百花油條

材料

蝦仁 200 公克、絞肥豬肉 50 公克、蛋半個、油條 1 根
太白粉 2 大匙

調味料

糖 ½ 茶匙、鹽 ¼ 茶匙、麻油少許、胡椒粉少許、太白粉 ⅓ 茶匙

做法

1. 蝦仁先用少許鹽抓洗，再用多量的水沖洗至沒有黏液。用 1 塊乾淨的毛巾或紙巾，將蝦仁的水分擦乾。
2. 蝦泥先用刀面拍碎，再用刀背剁細成蝦泥，加入絞肥豬肉和調味料、半個蛋的蛋液一起攪拌均勻。
3. 油條先分開成單支，再切成 5 ～ 6 公分的長段，再將每段的油條從中間切開但不切斷，切口處撒上少許太白粉。
4. 將蝦泥料填釀在切口處，手指沾水，抹平蝦泥表面。
5. 鍋中炸油燒至 8 分熱，放入釀油條（蝦泥面朝下），以小火炸至熟，撈出、瀝乾油漬，排入盤中。

百花就是蝦泥：在廣東菜中，以蝦泥製作而成的菜式都美其名稱為「百花」。由於蝦仁本身沒有油脂，因此都會添加一些絞成泥的肥豬肉，以增香氣，一般肥肉是加 ¼ 的量，也可以酌量減少。

其實用蝦泥釀的菜餚很多，常見的還有釀豆腐和香菇，記得釀的食材上一定要灑上太白粉才黏的住，以免熟後百花餡脫落。油炸時，記得有蝦泥那面朝下，這樣比較容易熟，用小火慢炸到熟，最後再轉大火將油逼出。

蔭豉蚵

材料
生蚵 300 公克、黑豆豉 1½ 大匙、大蒜末 1 大匙
青蒜 1 支、大的紅辣椒 1 ～ 2 支

調味料
酒 ½ 大匙、醬油膏 2 大匙、糖 1 茶匙
太白粉水適量

做法
1. 用少許鹽輕輕抓洗生蚵，同時挑掉在蚵上的硬殼，盡量保持蚵的完整，再用清水漂洗幾次，瀝乾水分。
2. 青蒜和紅辣椒分別切丁。乾豆豉要泡水 2 ～ 3 分鐘，蔭豉只要沖一下水，不用浸泡在水裏。
3. 鍋中加冷水 4 杯，放入生蚵，同時開火加熱，見水即將煮開，關火，瀝出蚵。
4. 起油鍋燒熱 2 大匙油，放入大蒜末、青蒜和豆豉爆香，加入酒、醬油膏和糖炒勻，放入紅辣椒和蚵，快速兜炒數下，淋適量的太白粉水使湯汁易於附著在蚵上即可。

Tips:
1. 生蚵在漂洗時用少許鹽可以去掉它的黏液，但是動作要輕，以免蚵破裂。
2. 蚵不能用熱水去燙，水太熱蚵肉會收縮變小，因此要從冷水去煮，蚵略變硬、形狀固定就可以撈出來炒或是做其他料理。
3. 爆香大蒜和豆豉的火力不能太大，以免香氣還未出來就有焦苦味了。

客家小炒

材料

乾魷魚 ½ 條、五花肉 120 公克、蔥 4 支
豆腐乾 5 片、芹菜 2 支、紅辣椒 1 支

調味料

酒 1 大匙、醬油 2 大匙、鹽 ¼ 茶匙
糖 ½ 茶匙、水 3 ～ 4 大匙

做法

1. 魷魚放在薄鹽水中泡 2 ～ 3 小時至微軟，取出橫著（順絲）切成粗條。
2. 五花肉切成粗條；豆腐乾也切成如筷子般粗細的粗條；蔥和芹菜切段；紅辣椒切斜片。
3. 燒熱 3 大匙油，放下五花肉爆至外層焦黃，盛出；放下豆腐乾也煸炒至外表微硬。
4. 加入魷魚和蔥段、芹菜段一起爆炒至香，淋下酒等調味料炒透，最後放下紅辣椒片，拌炒均勻便可裝盤。

安琪老師的小學堂

小炒考驗功力：這道有名的客家小炒，要炒得好吃其實並不是太容易的事，魷魚要泡發到夠軟卻仍有香氣；五花肉和豆乾也都要分別煸炒出香氣，合在一起再炒時，也要掌握好速度。雖然不是太容易，但是它的好吃程度會讓你願意多練習幾次，最後一定能成功的。有的餐廳會加入青蒜，增加另一層味道，我覺得也很好吃。

Part 3

下飯菜。蔬菜

紅燒豆腐

材料

嫩豆腐 2 方塊、肉片 50 公克、蔥 2 支
香菇 2 ～ 3 朵、蝦米 1 大匙

調味料

醬油 1 大匙、蠔油 ½ 大匙、糖 1 茶匙
清湯 1 杯、太白粉水適量

做法

1. 豆腐切成約 1 公分的厚片。
2. 香菇泡軟、切片；蝦米泡軟、摘去頭、腳；蔥切段。
3. 鍋中燒熱 3 大匙油，將豆腐片放下，煎至有焦黃色時盛出。
4. 繼續放下蔥段和香菇片、蝦米、肉片一起炒香，再加入醬油、蠔油、糖及清湯，煮滾後，放下豆腐拌合，改小火慢慢燒煮。
5. 燒約 6 ～ 8 分鐘至豆腐夠入味、且湯汁將收乾時，即可全部盛到盤內。

Tips:

如果鍋內湯汁仍多時可以淋下少許太白粉水勾芡，一面搖動鍋子，一面淋到湯內，使湯汁變濃稠些，才好巴附在豆腐上。

醬燒茄子

材料
茄子 2 條、絞豬肉 2 大匙
蝦米 1 大匙、蔥花 1 大匙
大蒜末 1 茶匙

調味料
甜麵醬 1 茶匙、酒 ½ 大匙、醬油 1 大匙
糖 ½ 茶匙、醋 ½ 大匙、太白粉水 1 茶匙
麻油 ¼ 茶匙、水 ¼ 杯

做法
1. 茄子切滾刀塊，入熱油中炸軟、撈出，瀝乾油（或放入熱水中涮一下去油）。
2. 用 2 大匙油炒絞肉炒至肉散開且出油，再放下蝦米和大蒜末炒香，續加入甜麵醬炒出醬香，再加入酒、醬油、糖和水炒煮至滾，放下茄子，輕輕拌炒至入味，大火將汁快速收至將乾。
3. 沿鍋邊淋下醋烹香，勾薄芡，滴下麻油，撒下蔥花，一拌即可。

麻糬茄口感好，燒久也不變色：醬燒茄子是爸爸生前最愛吃的一道菜，充滿醬香的茄子總是讓人吃得欲罷不能。這幾年我喜歡買麻糬茄來做這道菜，除了口感 Q 糯外，麻糬茄怎麼燒都不會變色，也讓菜餚的賣相大大加分。

鹹魚雞粒豆腐煲

材料

去骨雞腿 1 隻、鹹魚 80 公克
豆腐 2 方塊、蔥 1 支（切蔥段）
薑片 6 ～ 8 小片、蔥花 1 大匙

調味料

（A）醬油 ½ 大匙、麻油 1 茶匙、胡椒粉少許
太白粉 1 茶匙、水 1 大匙
（B）酒 1 大匙、蠔油 1 大匙、高湯 1 杯半、糖 1 茶匙
太白粉水適量

做法

1. 在雞腿的肉面上剁一些刀口，再切成 2 公分大小，用調味料（A）拌勻醃 30 分鐘。
2. 鹹魚切成如黃豆般小粒，用油炒炸至酥，盛出。
3. 豆腐切成四方形，用 4 杯熱油炸黃外表，撈出，放入煲中。
4. 油倒出，僅留 1 杯左右將雞粒快速過油，炒至 8 分熟，撈出。
5. 僅用約 1 大匙油爆香蔥段和薑片，淋下酒、蠔油、糖和高湯，煮滾後放下雞粒和鹹魚丁，倒入煲中，再煮約 1 分鐘，勾芡後再加入蔥花即可關火、上桌。

Tips:

廣東人喜歡用曹白魚來做鹹魚雞粒豆腐煲，重點是豆腐一定要炸過，才好吸附味道，也比較容易保留形狀，不易破裂。

香乾牛肉絲

材料

嫩牛肉 150 公克、豆腐乾 7 ～ 8 片
香菜 4 ～ 5 支、蔥絲 1 大匙
紅辣椒絲少許

調味料

（A）醬油 ½ 大匙、水 2 大匙、太白粉 ½ 大匙
（B）醬油 2 茶匙、鹽 ¼ 茶匙、麻油數滴

做法

1. 牛肉逆絲切成細絲，用調味料（A）拌勻醃 30 分鐘。
2. 豆腐乾先橫著片切成 3 片，再切成細絲，用滾水燙 10 ～ 15 秒鐘，撈出、瀝乾水分。
3. 香菜取梗部，切成 2 公分段。
4. 牛肉放入約 ½ 杯的油中，快速過油炒一下，撈出。油倒開，僅留 1 大匙的油爆香蔥絲，放下豆乾絲、辣椒絲和醬油、鹽及水 2 大匙，快火炒勻。
5. 加入牛肉絲，快炒兩三下後，放下香菜梗、滴下少許麻油即可關火，拌勻一下，盛出裝盤。

Tips:

1. 喜歡牛肉嫩一點的話，可以在醃牛肉時，少量的加約⅙茶匙的小蘇打粉。
2. 紅辣椒和香菜梗的量均可自行增減。

宮保皮蛋

材料

皮蛋 3 個、大蒜末 1 茶匙
絞肉 2 大匙、花椒粒 1 茶匙
麵粉 2 大匙、蔥末 ½ 大匙
乾辣椒 8 ～ 10 支

調味料

醬油 1 大匙、深色醬油 1 茶匙、酒 1 大匙、糖 1 大匙
水 3 大匙、太白粉水 ½ 茶匙、醋 1 茶匙、麻油 ½ 茶匙

麵糊

水、麵粉、玉米粉、糯米粉皆適量

做法

1. 皮蛋煮 5 分鐘，取出、泡冷水，剝殼、一切為 6 片。
2. 皮蛋先沾乾麵粉後再沾裹上已調勻的麵糊，放入熱油中炸至金黃色，撈出、瀝乾油。
3. 用 2 大匙油炒香花椒粒，待花椒粒變色後撈棄，放入絞肉和蒜末炒香，再加入乾辣椒同炒，加入醬油、酒、糖和水炒合，勾芡後淋下醋和麻油，熄火。
4. 放回皮蛋，拌勻即可盛出。

Tips:

1. 皮蛋一定要先蒸或煮熟，讓蛋白及蛋黃定形才好掛糊。皮蛋外包覆著麵糊是很好的保護，下鍋才不易起油爆。
2. 皮蛋外記得先沾乾粉再掛糊，否則沾不住麵糊。
3. 調製麵糊時，玉米粉、太白粉、糯米粉都可以增加口感脆度，麵粉則是增加黏著性。

皮蛋蒼蠅頭

材料
粗絞肉 200 公克、韭菜花 150 公克
皮蛋 1 個、豆豉 1½ 大匙、紅辣椒 2 支

調味料
醬油 1½ 大匙、糖 1 茶匙、鹽少許

做法
1. 韭菜花洗淨、切成小丁；豆豉沖洗一下，再泡約 3 ～ 5 分鐘；紅辣椒切小丁。
2. 皮蛋放入電鍋蒸 5 分鐘，剝殼、切成小塊。
3. 用 2 大匙油將絞肉炒散，放下豆豉和紅辣椒，小火將豆豉炒香。
4. 放入韭菜花和皮蛋，淋下 2 大匙的水，改大火炒透，最後再加入調味料，炒勻即可。

Tips:
1. 不要太辣的話，紅辣椒可以最後再加入。
2. 韭菜花下鍋時，如果已經沒有水分（切好放太久了），可以沿鍋邊淋下一點水，以免大火炒豆豉會有焦苦味，帶一點水氣也容易將韭菜花炒透，且能保持它的脆度。

泰式涼拌粉絲

材料

冬粉 2 把、鮮魷 6 ～ 7 小塊、小番茄 5 ～ 6 顆
蝦米 2 大匙、草菇 6 ～ 7 粒、紅蔥頭 4 ～ 5 顆
醃蒜頭 4 ～ 5 粒、蔥花少許、小辣椒適量

調味料

白糖 1 茶匙、檸檬汁 2 大匙、魚露 2 大匙
是拉叉醬（泰式紅辣醬）1½ 大匙

做法

1. 冬粉用水泡軟，剪短。水滾後放入冬粉，約煮 1 分鐘，撈起，用冷水沖涼，瀝乾。
2. 鮮魷切交叉花刀、再切成塊，燙熟後撈出沖涼，再切小一點。
3. 蝦米泡軟，摘好；草菇切兩半，燙熟，沖涼；小番茄切成兩半；紅蔥頭和醃蒜頭分別切片；小辣椒切末。
4. 小番茄、紅蔥頭、蔥花、醃蒜頭、小辣椒末連同調味料一起攪拌均勻，加入冬粉、鮮魷、蝦米和草菇再拌勻，試一下味道便可裝入盤中。

Tips:

1. 海鮮料可隨人喜好自由添加。
2. 由於燙熟的冬粉泡冷水後會再回縮，川燙時最好燙軟，才不會回縮變硬。

涼拌白菜心

材料
大白菜葉 3 ～ 4 片、豆腐乾 3 片、蔥 1 支
油炸花生 2 大匙、香菜 2 支、紅辣椒 1 支

調味料
鹽 ¼ 茶匙、淡色醬油 2 大匙、糖 ½ 茶匙
醋 1½ 大匙、麻油 1 大匙

做法
1. 大白菜、蔥和紅辣椒分別切絲，用冷開水沖洗一下，瀝乾水分。
2. 豆腐乾切成絲，用熱水川燙一下，撈出、瀝乾水分。
3. 油炸花生去皮；香菜洗淨，切短段。
4. 所有材料放大碗中，加調味料拌合，最後加入花生即可裝盤上桌。

安琪老師的小學堂

當季白菜順絲切：在北方館子的菜單上看到「松柏長青」這道菜就是涼拌白菜心，這是一道考驗刀工的菜，白菜要切得夠細口感才會輕脆。在大白菜當令的季節，要順絲切吃其脆口；過了產季白菜纖維較多，就要逆絲切吃來才會嫩爽。涼拌白菜心的調料又名「三合油」，是北方人涼拌菜常用的味型。

麻婆豆腐

材料

嫩豆腐 4 方塊、絞豬肉 100 公克
大蒜末 ½ 大匙、蔥花 1 大匙

調味料

辣豆瓣醬 1½ 大匙、醬油 1 大匙、鹽 ¼ 茶匙
糖 ½ 茶匙、清湯或水 1½ 杯、太白粉水適量
麻油 ½ 茶匙、花椒粉 1 茶匙

做法

1. 豆腐切除硬邊後切成小四方丁，放入滾水中川燙一下，撈出、瀝乾水分。
2. 用 3 大匙油炒熟絞肉，再加入大蒜末和辣豆瓣醬炒香，繼續加入醬油、鹽和糖，放入豆腐，輕輕推動豆腐，加以拌合，注入清湯，煮滾後，以小火燜煮 3 分鐘。
3. 用太白粉水勾薄芡，撒下蔥花、麻油和花椒粉，輕輕推勻便可盛入盤中。

花椒香是關鍵：麻婆豆腐是四川老菜，用料並不矜貴珍罕，但「麻辣鹹燙」的味覺特色讓它成為流口水指數很高的一道菜。麻婆豆腐用料尋常，但要做得好吃並不容易。關鍵在花椒粉的香氣一定要出來，除了要買新鮮的花椒粉，在保存上也要小心，最好存放在密封瓶中，以防走味。

糖醋泡菜

材料
高麗菜 1 公斤、胡蘿蔔絲半杯
紅辣椒 1 支（切絲）

調味料
鹽 1 大匙、糖 3 大匙
白醋 3 大匙、水適量

做法
1. 高麗菜洗淨，瀝乾後用手撕成大片，攤開在托盤中風乾水分。
2. 加上胡蘿蔔絲，用鹽拌勻，醃 2 小時。
3. 將調味料中的糖和水入鍋煮滾，待糖水涼後再倒下醋調勻，備用。
4. 將醃過的高麗菜擠乾水分，加上紅辣椒絲，一起放入一個玻璃瓶內。倒入調勻的糖醋汁，放置一夜即可食用。

Tips:
醃高麗菜時鹽巴下的量要注意拿捏，寧可醃的時間長一點，也不要下太重的鹽巴，以免醃過度失卻輕脆口感。

青木瓜沙拉

材料

青木瓜 ¼ 顆、蝦米約 10 隻、四季豆 2 支
小辣椒末少許、小番茄 3 顆

調味料

檸檬汁 1 大匙、白糖 ½ 茶匙、椰糖 ½ 茶匙
魚露 1 大匙、酸子醬 1 茶匙

做法

1. 青木瓜削皮，再刨成絲。
2. 蝦米泡軟，拍扁，切碎；四季豆先拍扁，切段。
3. 小番茄切半，大一點的可一切為四；酸子醬加 2 茶匙冷開水調勻，泌出醬汁備用。
4. 將蝦米、小辣椒末、四季豆、小番茄和全部調味料一起混合，攪拌均勻。
5. 加入青木瓜絲再抓拌一下，入味即可裝盤。

Tips:

1. 青木瓜削皮要由外層向內刨絲，待靠近心部時要停止，留薄薄的一層，不然碰到心部會苦。
2. 拌木瓜絲中因為用了酸子醬，因此要加入椰糖，以中和酸味。椰糖的甜度不如白糖，但有椰香，香味較濃。沒有椰糖的話，可將白糖的份量加多一點。

蝦醬空心菜

材料
空心菜 300 公克、蝦米 2 大匙、大蒜 2 ～ 3 粒
大紅辣椒 ½ 支、紅蔥頭 2 ～ 3 粒

調味料
蝦醬 ½ 茶匙、蠔油 1 大匙
胡椒粉少許、水 2 ～ 3 大匙

做法
1. 空心菜洗淨、切除根部，連梗帶葉切成約 3 ～ 4 公分長。
2. 蝦米泡軟、剁碎；紅蔥頭和大蒜拍裂、剁碎；紅辣椒切斜片；蝦醬加水調稀一點。
3. 用 2 大匙油炒香蝦米，加入紅蔥頭和大蒜一起爆香，再加入蝦醬炒勻，待蝦醬融化後，加入空心菜和紅辣椒，拌炒一下，再加蠔油（如果沒有水氣，可淋少許水），灑下胡椒粉，炒至菜熟便可盛出。

Tips:
1. 泰式蝦醬的味道較重，可以視個人喜愛而定，也可以減少份量到約 ¼ 茶匙。
2. 任何脆口的蔬菜都可以用來炒，如高麗菜、青花菜。

榨菜筍絲炒豆包

材料

炸豆包 2 片、榨菜 1 小塊（約 80 公克）
筍 2 支、胡蘿蔔 1 小支、蔥 1 支（蔥切段）

調味料

鹽⅓茶匙、胡椒粉少許、麻油少許

做法

1. 炸豆包放入乾鍋中烘烤至兩面都變成黃且酥脆，直紋切成寬條。
2. 筍煮 30 分鐘、切條；胡蘿蔔切成細條；榨菜切絲，用水沖洗、漂去一些鹹味。
3. 鍋中熱 2 大匙油，先炒胡蘿蔔，再加入榨菜絲和筍絲、蔥段，炒香後加入豆包條，淋下約 4 大匙水拌炒一下。
4. 加鹽和胡椒粉調味，再炒勻即可關火，滴下麻油。

Tips:
外頭買的豆包油分都很重，先用乾鍋烘烤一下可讓口感更酥脆，也不會那麼油膩。

螞蟻上樹

材料

粉絲 3 把、絞豬肉 2 大匙、薑屑 ½ 茶匙
蒜屑 1 茶匙、蔥花 2 大匙

調味料

辣豆瓣醬 2 大匙、醬油 1 大匙、糖 ¼ 茶匙
鹽適量、水 1½ 杯、麻油少許

做法

1. 粉絲用冷水泡軟後瀝乾，如果太長，可剪 2 ～ 3 刀，剪短一點。
2. 將 2 大匙油燒至 7 分熱，放下絞肉炒散、炒熟，再加入薑屑、蒜屑炒香。
3. 加入辣豆瓣醬續炒片刻，淋下醬油、水及糖，待煮滾後，將粉絲放下同煮（常用鏟子翻拌）。
4. 見湯汁快要收乾且粉絲透明時，嚐一下味道，加鹽調整，撒下蔥花並滴下麻油便可裝盤。

冷水泡粉絲才吸味：這是一道四川老菜，傳統的做法要把粉絲放在油鍋裡炸膨，成樹枝狀，淋上澆頭之後看來彷如無數螞蟻爬樹，這正是菜名的由來。後來這道菜的做法改成燒的，一來不那麼油膩，二來粉絲吸了醬汁的味道更濃郁。要注意的是，冬粉要用冷水泡開，如果用熱水泡得太軟不易吸味。粉絲盛出時，盤中一定要有湯汁，以免上桌後太乾，沾黏成一團。

老皮嫩肉

材料
芙蓉蛋豆腐 1 盒、高麗菜 150 公克
紅辣椒 1 支、蔥花少許

調味料
（A）醬油 1 大匙、醬油膏 1 大匙、糖 1 大匙
花椒粉少許、辣油 ½ 茶匙、水 1 大匙
（B）糖 2 大匙、白醋 2 大匙

做法
1. 芙蓉蛋豆腐取出，先直切一刀後再橫著切成約 1 公分厚片。
2. 高麗菜切粗絲，撒少許鹽，待出水後擠乾水分，加入紅椒絲，拌上調味料（B）的糖和白醋，放置 5 ～ 10 分鐘，做成糖醋泡菜。
3. 鍋中炸油燒到非常熱，放入豆腐片，大火炸至近焦褐色，撈出，油倒出。
4. 鍋中放入調味料（A）煮滾，放入豆腐，輕輕一兜炒即起鍋裝盤，附上糖醋泡菜上桌。

充滿蛋香的老皮嫩肉：老皮嫩肉是新川菜，最早推出這道菜的皇城老媽，都自己蒸蛋來煎，吃來充滿蛋香，且口感香滑，在家做不必這麼費事，直接買芙蓉蛋豆腐取代就可以了。

湘江豆腐

材料
豆腐 1 長方塊、豬瘦肉 100 公克
豆豉 2 大匙、薑 2 小片、青蒜 1 支
紅辣椒 1 支

調味料
（A）醬油 ½ 茶匙、太白粉 1 茶匙、水 1 大匙
（B）辣豆瓣醬 1 大匙、酒 1 大匙、醬油 1 茶匙
水 1 杯、糖 ⅓ 茶匙、鹽適量、太白粉水 ½ 大匙
麻油 ½ 大匙

做法
1. 豬肉切絲，用調味料（A）拌勻，醃 10 分鐘以上。青蒜切斜片；紅辣椒也切斜片。
2. 豆腐直切一刀後，再切成 1 公分厚的片，用油煎一下（或用熱油炸），至外層焦黃後盛出。
3. 起油鍋用 2 大匙油炒香肉絲，盛出。
4. 餘油中放入豆豉爆香，加入辣豆瓣醬和薑片炒幾下，淋下酒和醬油，注入水後加鹽和糖調味，放入豆腐和肉絲、紅辣椒片，以小火煮約 5 分鐘。
5. 淋下適量太白粉水勾芡，滴下麻油，撒下青蒜片拌合，一滾即可裝盤。

煎或炸過的豆腐易吸味：油煎或炸過的豆腐不但有香氣，更容易吸附味道，這道有名的湖南菜是來台灣後由湖南名廚研發出的，結合多種辛香料和調味料，上桌即香氣撲鼻，吃來更是過癮。

乾煸四季豆

材料

四季豆 300 公克、絞肉 2 大匙、蝦米 2 大匙
榨菜末 1 大匙、蔥花 2 大匙、薑末 1 茶匙

調味料

醬油 1 大匙、糖 1 大匙、鹽適量
水 2 大匙、醋半大匙、麻油 1 茶匙

做法

1. 四季豆摘好，洗淨瀝乾。蝦米泡軟摘去頭腳，剁碎。
2. 鍋中燒熱油，放四季豆炸至脫水微起皺，撈出瀝乾。油倒出，四季豆放回鍋中，小火煸黃外表，盛出。
3. 燒熱 2 大匙油，放入絞肉和薑末炒香，再放蝦米和榨菜同炒，加入醬油、糖、鹽和水，並將四季豆放入同炒至湯汁收乾。
4. 沿鍋邊淋下醋並滴下麻油，撒下蔥花，略為拌合即可盛出。

乾煸脫水烹出乾香：乾煸是川菜中一種頗有特色的烹飪技法，主要是將切成絲或條狀的材料炸至脫水，使用熟成、乾香的方法，因此也可以將四季豆轉換成茭白筍、筍及苦瓜。

在家做下飯菜

54道 美味家常菜 讓一家大小胃口大開

作　　者　程安琪

發 行 人　程安琪
總 策 畫　程顯灝
總 編 輯　呂增娣
主　　編　翁瑞祐、羅德禎
編　　輯　鄭婷尹、邱昌昊、黃馨慧
美術主編　吳怡嫻
資深美編　劉錦堂
行銷總監　呂增慧
資深行銷　謝儀方
行銷企劃　李承恩

發 行 部　侯莉莉
財 務 部　許麗娟、陳美齡
印　　務　許丁財
出 版 者　橘子文化事業有限公司

總 代 理　三友圖書有限公司
地　　址　106 台北市安和路 2 段 213 號 4 樓
電　　話　(02) 2377-4155
傳　　真　(02) 2377-4355
E － mail　service@sanyau.com.tw
郵政劃撥　05844889 三友圖書有限公司

總 經 銷　大和書報圖書股份有限公司
地　　址　新北市新莊區五工五路 2 號
電　　話　(02) 8990-2588
傳　　真　(02) 2299-7900

製　　版　興旺彩色印刷製版有限公司
印　　刷　鴻海科技印刷股份有限公司
初　　版　2014 年 6 月
一版二刷　2017 年 1 月
定　　價　新臺幣 169 元
I S B N　978-986-364-010-3 (平裝)

國家圖書館出版品預行編目 (CIP) 資料

在家做下飯菜 54 道美味家常菜 讓一家大小胃口大開 / 程安琪作. -- 初版. -- 臺北市 : 橘子文化, 2014.06 面 ; 公分
ISBN 978-986-364-010-3(平裝)

1. 食譜
427.1　　103009825